r des Laboureurs

ou

ADAGES

à l'usage des fermiers du canton de Lamballe.

PAR

Gabriel-Marie Couffon de Kerdellec,

au Bosquilly, en Maroué.

2ᶜ Edition

1841.

Table des matières.

Chap. 1. Le Fermier, 1.

2. La Fermière, 10.

3. Les Propriétaires, 13.

4. Nature du sol, 16.

5. Température, 18.

6. Fumiers et engrais, 20.

7. Labour, 24.

8. Récolte, 32.

9. Bestiaux, 35.

10. Prairies, 45.

CHAPITRE I.

LE FERMIER.

Salut, O vous bons laboureurs !
Qui fécondez par vos labeurs
Notre belle terre de France,
Et versez partout l'abondance.

Puisse au maître comme au fermier
Cet ouvrage être familier !
Ils trouveront dans mes adages
Maximes utiles et sages.

Qui n'est plus savant qu'un docteur
Est ignorant agriculteur.

L'agriculture est un art difficile ;
Tout le monde pourtant s'y croit habile.

De ton état si tu n'es amoureux,
De bien faire tu seras peu soigneux.

Qui vit sous le chaume
Doit être économe.

Fermier dépensier
Meurt sur le fumier.

Quoique de toi l'on se raille,
Ramasse même une paille.

Que chez toi, pour le bien commun,
De son mieux travaille chacun.

L'ordre partout si nécessaire,
Toujours tire un fermier d'affaire.

Que l'on mène à l'abreuvoir
Fermier qui croit tout savoir.

1842

Fermier qui, sans cause, s'endette
Vivra bientôt dans la disette.

Au dehors, fermier vigilant,
Au dedans, bonne ménagère
Peuvent, tous les deux s'entr'aidant,
De leur maître acheter la terre.

Par son travail fermier qui s'enrichit
A son maître porte aussi profit.

Qui se plaint dans l'abondance
Blasphème la Providence.

Seulement de son métier
S'occupe tout bon fermier.

Fermier qui veut garder sa ferme
Est exact à payer son terme.

Songe, fermier, qu'en tout travail
Ta main doit être au gouvernail.

Jamais la faim ne trouve asile
Dans la maison de l'homme actif:
On la voit du fermier oisif
Vite envahir le domicile.

Fermier sans argent a grand tort;
Depuis longtemps crédit est mort.

L'œil du maître fait plus d'ouvrage
Que toutes les mains d'un ménage.

Qui gage les premiers venus,
Chez lui verra de grands abus.

Tout bon fermier doit connaître
L'arc, le litre et le mètre.

Aux foires ainsi qu'aux marchés
Ne vous rendez que pour affaires :
On y voit assez d'insensés
Qui s'y trouvent à ne rien faire.

Quand vous logez des pélerins
Regardez-les aux pieds, aux mains.

N'ouvre ta cassette
Que bien en cachette.
Autrement ton gain
Changera de main.

A l'homme qui te fait corvée
Solde exactement sa journée.

Garde toujours en ta maison
Gens auxquels tout ouvrage est bon.

Si tu ne veux dans la détresse
Passer une triste vieillesse,
En faveur d'aucun de tes fils,
De ton bien ne te désaisis.

A la fin de chaque journée,
Partout, fermier, fais ta tournée.

Ne mets ton bonnet,
Que quand-tout est fait.

Veux-tu dormir à l'aise ?
Le soir couvre ta braise.

Visite souvent ton cellier,
Souvent aussi monte au grenier.

Aux jolis enfans des images,
Aux valets, ric-à-ric leurs gages.

Partout surveillez les fumeurs,
Et fermez la porte aux buveurs.

Si tu lâches un centime,
Qu'il te rentre un décime.

Evite, jusqu'à ton décès,
Avec ton voisin tout procès.

Toujours bon voisinage
A valu parentage.

Au pauvre que presse la faim
Ne refuse jamais du pain.

Dans quelque coin de ton armoire,
Pour la soif reserve une poire.

Fermier qui n'a rien prévu
Sera pris au dépourvu.

Qu'au CRÉATEUR, dans ton ménage,
Soir et matin l'on rende hommage.

Fais épouser à ton garçon
Fille bien née et de renom;
Et dans une bonne famille
Tâche de faire entrer ta fille.
Songe surtout, avant conclusion,
A faire à temps toute réflexion.

Aux nôces de famille
Qu'à son tour chacun brille.

Ne laisse jamais tes enfants
Le gousset vide, s'ils sont grands.
Ils ont des dépenses à faire
Que doit toujours prévoir un père.

Aimes-tu tes enfants?
Cultive bien tes champs.

A tes enfans fais enseigner à lire,
Qu'ils sachent tous chiffrer et bien écrire.

Si ton ainé se conduit mal
Aux autres l'exemple est fatal.

Toute famille unie
Gaiement passe la vie.

Fermier, à qui ses intérêts sont chers,
Chaque jour fait cent ouvrages divers.

Pour toi des vents la connaissance
Est toujours de grande importance.

Un baromètre, en ta maison,
A consulter te serait bon.

D'un journalier le travail vous rapporte
Bien au delà de l'argent qu'il emporte.

Plus de sots que de gens d'esprit:
De ce dicton fais ton profit.

Fermier prudent, tous les ans met en vente,
Pour s'enrichir, quelques bêtes de rente.

Chef de ferme doit tout savoir;
Tout enseigner est son devoir.

Qui conduit bien sa métairie,
S'asseoit à table bien servie.

Qui préfère le plaisir au travail
Est indigne d'avoir terres en bail.

Si tu crains de faire une avance,
Petite sera ta mouvance.

Fermiers entendus
Sont chargés d'écus.

La métairie est mal payée,
Quand trop cher elle est affermée.

Chez vous, plus on perdra de temps,
Moins on acquittera le cens.

Mauvaise routine,
Mauvaise cuisine.

Fermier plein de probité
Partout se voit respecté.

Qui veut que tout aille à sa guise,
Fait preuve de grande sottise.

A prendre part à vos festins
Toujours invitez vos voisins.
Ce procédé, par vous mis en usage,
Vous rendra cher à tout le voisinage.

Bons ouvriers te faut de tous états,
Pour les payer ramasse des ducats.

Souvent on perd par négligence
De quoi solder mainte dépense.

Premier levé, dernier couché
De tous grains fournit le marché.

Fermier passe pour ridicule,
S'il n'a chez lui montre ou pendule.

Garde-toi de tout usurier,
De lui n'emprunte un seul denier.

Dans une ferme bien réglée,
L'heure des travaux est fixée.

A tout valet intelligent
Fais un cadeau de tems en tems.

Que chez toi, le long de l'année,
L'on serve à table chair salée.

Gens bien payés et bien nourris
Sont ordinairement soumis.

Du bon payeur suis la manière,
Il n'a point d'impôts en arrière.

Jamais ne donne ton argent
Sans la quittance du paiement.

A chacun sa cognée,
L'on fait bonne journée.

Sans t'occuper de ton prochain,
Chretiennement gagne ton pain.

Quoi qu'on dise et qui qu'en grogne,
Chasse tout valet ivrogne.

Fermier d'ordre, dans sa maison,
Doit avoir balance et peson.

A propos fermier qui débourse
Voit enfler le fond de sa bourse.

Tous, la tête dans un bonnet,
Chacun alors est bon valet.

Que tous les ans, vos cheminées
Du haut en bas soient ramonées.

Chacun selon ses talents,
Sachez employer vos gens.

A chaque porte il faut une serrure,
Ou les voleurs chez toi feront capture.

Le savoir pour le studieux :
L'argent pour le laborieux.

L'ignorant qui veut apprendre
Chez le savant doit se rendre.

Les ivrognes et les gourmands
Ont tous le sort des fainéants.

De personne n'épouse la querelle.
Tranquillement fais voguer ta nacelle.

Fermiers qui font tout à temps,
De reproches sont exempts.

Ne serait-ce que par décence,
Chez toi place des lieux d'aisance.

En ville, on n'entend que les sots
Nommer les paysans *palots*.

Pour t'éclairer dans tes affaires,
Prends conseil de prudents notaires.

Défends dans ta maison
Tout serment, tout juron.

Empêche dans ta hutte
Toute grave dispute ;
Et ne souffre jamais
Qu'on en trouble la paix.

Fermier que domine l'âge
Doit renoncer à l'ouvrage.
Il faut que, sur ses vieux ans,
Il prenne un peu de bon temps ;
Qu'au haut bout de la cheminée
Il ait une place marquée.

Il te faut rendre exactement
Ce qu'on te prête obligeamment.

Près de malade affligé de la galle,
Dans même lit prudemment ne t'installe.

Il devrait entrer dans ton plan
De nouer les deux bouts de l'an.

Fermier qui ne tient aucun compte,
Ne fera pas fortune prompte.

A leurs chapeaux, malins fermiers
Préfèrent user leurs souliers.

L'hiver, au soir, dans ton ménage,
A chacun taille de l'ouvrage.

Gardez-vous des rapporteurs,
Ils causent bien des malheurs.
Chassez-les de vos familles,
Comme un chien d'un jeu de quilles.

Que tes fossés, garnis de bois piquants,
Fassent bouillir la marmite en tout temps.

En gens d'esprit, dans les longues soirées,
Parlez labour, en brûlant vos bourrées.

Si tu veux garder ton crédit,
Ne fais des essais qu'en petit.

CHAPITRE II

LA FERMIÈRE.

Fermière avenante
Toujours vous enchante.

Ménagère, ton bon gouvernement
De la ferme est le plus sûr fondement.

Une bonne ménagère
Qui bien agit dans sa sphère
Pour la ferme est un trésor,
Elle vaut son pesant d'or.

Que j'aimerais à voir la ménagère
De sa maison être la sommelière.

Boisson, qu'on laisse sous la main,
D'ordinaire s'en va grand train.

Tout cidre ou vin qui tourne à l'aigre
Est pour le baril à vinaigre.

Pour éviter les empoisonnements
D'airain, chez toi, proscris les instruments.

Que ce qui sort de ta cuisine
Au bon goût joigne la bonne mine.

De ton mieux il faut recevoir
Les amis qui te viennent voir ;
Et qu'ils trouvent dans ta demeure
Bon pain, bon lait, surtout bon beurre.

Pain de vieux blé fait grand profit,
Mets-toi bien cela dans l'esprit.

Servante maitresse,
Servante traitresse.

Dans les repas la régularité
Fera preuve de ta capacité

Femme livrée à l'incurie
Ruinera toute métairie.

Jeune fille, pain frais, bois vert
Mettront ta maison à désert.

A la maison, toute femme occupée,
Bien mieux qu'aux champs acquitte sa journée.
Dehors, pourtant, on pourrait à propos
L'utiliser, au temps des grands travaux.

La propreté dans un ménage
Est de la santé le présage.

Que le linge en votre maison
Soit abondant et toujours bon.

Faites apprendre à votre fille
A se bien servir de l'aiguillle.
Qu'elle couse ses vêtements,
Ainsi que ceux de ses parents.

Toute fermière active
Souvent fait la lessive.
Linge sale, dans son grenier,
Ne reste pas un an entier.

La cour, devant ta maisonnette,
Doit toujours être propre et nette.
Elle doit servir aux enfants
De lieu pour leurs amusements.

A leurs enfans de bonnes mères
Disent catéchisme et prières.

Que vos enfans, dans leurs berceaux,
Soient à l'abri des animaux.

Par votre extrême négligence
Et par le fait de votre absence,
Vos enfants, jusqu'en vos maisons,
Sont dévorés par les cochons !
Tendres mères, O je vous en supplie,
De vos enfans protégez mieux la vie.

Sous clef, dans vos appartements,
Jamais n'enfermez vos enfans.
Combien de mères imprudentes,
A leur retour à la maison,
Au lieu de leurs filles vivantes,
N'ont trouvé que cendre et charbon !

Soins des enfans et soins du ménage
Vous sont dévolus en partage.

Songe que des vaches à lait
Peuvent t'enrichir tout d'un trait.

Fermière, qui n'est pas bégueule,
Fait donner, sans savoir le grec,
Aux vaches le lait par la gueule,
Aux poules les œufs par le bec.

Dans les étables bien soignées,
Ne pendent pas fils d'araignées.

Dès que le beurre est baratté,
Que tout de suite il soit pesé.

Tu sauras, si tu n'es ganache,
Combien par an te vaut ta vache.

A vos malades en danger
Ne donnez jamais à manger.
Soignez-les avec complaisance ;
Du docteur suivez l'ordonnance.

Il serait pour vous très urgent
Que vos filles, dans vos cabanes,
Sçussent bien faire un pansement,
Et préparer quelques tisanes.

CHAPITRE III.

Les Propriétaires.

Seigneurs, maîtres, propriétaires,
Ennemis jurés des jachères,
Gloire à vous, censeurs destinés
A réformer les obstinés !
Commencez par donner l'exemple,
Et qu'à l'œuvre l'on vous contemple.

A convertir nos bonnes gens,
Messieurs, employez vos talents.
Les nouveautés, dans la Bretagne,
Sont l'effroi des gens de campagne.

Pour les essais, à vos fermiers,
Faites l'avance de deniers.
Leur bourse n'est pas assez forte,
Pour qu'elle seule tout supporte.

Les bras, les nouveaux instruments
Valent mieux que des compliments.

Ferme à moitié, ferme de confiance
Ne se donne qu'à gens de conscience.

Il est des maîtres peu sensés
Dont je blâme les procédés.
Bons ou mauvais, peu leur importe,
Leurs fermiers sont mis à la porte.
Ils sont exacts dans leurs paiements,
Mais d'autres offrent plus d'argent.
Promettre et tenir n'est facile,
Bientôt l'apprend maître inhabile.

Maîtres qui ruinent leurs fermiers
Se ruinent, ma foi, les premiers.

Voulez-vous percevoir vos termes?
Trop haut ne portez point vos fermes.

Pour éviter les différents,
Mettez des bornes à vos champs.

Craignez-vous fermiers difficiles?
A tout prévoir soyez habiles.
Coupez court aux discussions,
Fixez bien les conditions.
Pour mettre aux chicanes un terme,
Faites contrôler votre ferme.

De vos terres connaissez la valeur,
Pour les régir, prenez hommes d'honneur.

Habiles il vous faudrait être
Pour en terres vous bien connaître.

Des terres l'exposition,
Des bois la situation
Font qu'au seigneur qui les marchande,
Plus ou moins d'argent l'on demande.

En ardoises couvrez vos bâtiments :
Couvrir en chaume est propre aux négligents.
Aussi, voit-on leurs métairies
Souvent en proie aux incendies.

Etables, sans planchers dessus,
Sont à gens sots ou sans écus.
Quand la métairie est tombée,
Que tôt elle soit relevée.
Mettez le fermier à couvert ;
C'est l'avis de tout expert.

Quand les granges, les écuries
A la ferme sont réunies,
Le feu peut, dans une heure ou deux,
Vous rendre à jamais malheureux.

On ne voit tomber, de sa vie,
A sable, à chaux ferme bâtie.
Songez à vos petis enfants ;
Que vos fermes durent mille ans.

Les riches font l'agriculture
Aussi bien que l'horticulture,
A grands frais. Ils n'épargnent rien,
Pour qu'à leur gré tout aille bien.
Si quelquefois un essai manque,
Vite ils ont recours à leur banque.

En pareils cas nos laboureurs
Des usuriers sont débiteurs.

Que de bienfaits dans nos campagnes
Répandraient vos douces compagnes,
Si, comme dans le bon vieux temps,
Vos demeures étaient vos champs!

Heureux qui passe aux champs sa vie :
C'est le sort que tout sage envie ;
Il n'y compte que de beaux jours,
De ses champs il fait ses amours.

CHAPITRE IV·

Nature du Sol.

De la terre d'abord connais le fond,
Et puis travaille à le rendre fécond.

De nos terres le sol arable
Dans tous les lieux n'est pas semblable.

On traite un terrain sableux
Autrement qu'un terrain glaiseux.

Du sol ou sous-sol la nature
Doit influer sur la culture.

Employez tout votre talent
A sonder le sol promptement.

Terre calcaire, argileuse ou de sable
Est la base de toute terre arable.

Sol argileux veut de grands végétaux :
On le stimule en employant la chaux.

Les terres franches-argileuses
Sont de plus encore sableuses.
Elles reçoivent tous engrais,
Et les blés n'y manquent jamais.

Toutes terres marécageuses
A bien cultiver sont coûteuses.

Ensemencer un terrain graveleux
Ne peut être jamais avantageux.
En plants il vaudrait mieux le mettre.
Quel autre profit s'en promettre?

Sols humides, produits volumineux.
Sols arides les donnent savoureux.

De toute terre sableuse
La culture est peu coûteuse.
On la laboure en tout temps,
Sans donner labours fréquents.

Humide et froide est la terre glaiseuse;
Toute racine y vient peu savoureuse.

Labourer terrain argileux,
Avant l'hiver, est merveilleux.
Il est amendé par la glace,
Et perd sa qualité tenace.

Terres fortes, bonnes pour le froment
Donnent encore avoine abondamment.
La fève y vient surtout de préférence.
Rutabagas y font par excellence.

Changement de sole et d'engrais
Pour la terre a d'heureux effets.

Terre de lande et de bruyère
Par engrais devient bonne terre.

Gardez-vous bien de labourer
Terre blanchâtre dans l'hiver.

La terre est une bonne mère,
Plus elle prend, plus elle rend.
Donne-lui donc, et ne diffère,
Si tu veux gagner cent pour cent.

CHAPITRE V.

Température.

Le climat sur la terre influe.
Qui ne le voit a la berlue.

Les montagnes et les forêts
Produisent différents effets.
Il en est ainsi des vallées
Qui sont plus ou moins abritées.

De l'air la grande humidité
Aux grains ôte leur qualité.

A toutes terres arables
Les brouillards sont favorables.
Soleil vif, leur succèdant,
Cause la rouille au froment.
La rouille peut être guérie,
S'il survient une grande pluie.

S'il gèle par l'humidité,
Crains pour la floraison du blé.

Toute plante, produit de la culture,
Craint les effets de la température.
La lumière, le sol, l'air, la chaleur
Lui donneront plus ou moins de vigueur.

Une excessive sécheresse
Met le fermier dans la détresse,
Une trop grande humidité
Le met à la mendicité.

Les blés souffrent des gelées
Quand elles sont spontanées.

De neige tous les blés couverts
Bravent les plus durs hivers.

Tantôt par la gelée
Une plante est frappée,
Tantôt par la chaleur
On voit tomber sa fleur ;
Enfin pluie abondante
Casse et abat la plante.

Temps d'orage aux végétaux
Est bon comme aux animaux :
Mais quelquefois le tonnerre
Détruit la récolte en terre.

En automne et dans le printemps
La pluie est bonne pour nos champs.

Quand il s'agit de mettre en terre
Tes graines, tes pommes de terre,
Pourquoi de la lune parler,
Pourquoi sur son décours compter?
Ce sont là de vains préjugés.

Dont se moquent les gens sensés.
Sème quand la saison est bonne ;
Prends le temps comme Dieu le donne.

Tous blés niellés,
Tous blés charbonnés
Peuvent mettre en danger la vie :
En manger serait donc folie.

Ces blés, faites attention,
Communiquent contagion :
En garder pour semence
Est preuve de démence.

CHAPITRE VI.

Fumiers et Engrais.

Répétez toujours aux fermiers
Qu'ils n'ont jamais trop de fumiers.

Sachez tous qu'en agriculture
On n'a rien sans grande fumure.

Comme de l'or ramassez vos fumiers,
Vous deviendrez gros et riches fermiers.

Pour nos champs fumiers courts, je pense,
Doivent avoir la préférence.

Les fumiers chauds, les fumiers froids
Ne sont pour les mêmes endroits.

La terre froide et humide
De fumier chaud est avide.

Prés, fourrages et bons fumiers
Sont la poule noire aux fermiers.

Le fumier, dit-on, partout passe ;
De fumer tes champs ne te lasse.

A l'étable se font les bons fumiers :
Nourris-y donc vaches, porcs et coursiers.

On classe de cette manière
Les pailles bonnes pour litière :
Premièrement paille de sarrazin,
D'orge, froment, seigle, avoine à la fin.

Qu'à l'ombre, ton fumier placé,
Soit toujours de soleil privé.
Par un temps sec, il faut que l'on attrappe,
Pour l'humecter, le jus qui s'en échappe.

Par couches, dans un terrain bas,
Mettez votre fumier en tas.

De divers fumiers le mélange
Amène le grain dans la grange.

Il ne faut pas être malin,
Quand les chevaux aux champs vont paître,
Pour s'apercevoir que le maître
De ses bêtes perd le crotin.
Qu'un pâtre donc chaque jour trotte
Pour tout ramasser dans sa hotte :
Et que, sur ordre du fermier,
Crotins soient mis sur le fumier.

Portez sur vos terres arables
Le jus qui sort de vos étables.

Vous aimez mieux , comme des sots ,
Le voir couler dans les ruisseaux.

Dans les fumiers les graines conservées
Nuisent beaucoup à toutes les levées.
Ne mettez donc , sous tous vos bestiaux ,
Que glefs propres , battus par des fléaux.

Employer des villes la boue
Pour nos champs est bon, je l'avoue.

Sur terrain argileux
Fumier long et pailleux.

Le bon fermier n'épuise pas sa terre ,
Il l'engraisse , et à temps la régénère.

Qui sait employer les engrais
Obtient de merveilleux effets.

L'engrais de plantes marines
Vaut l'engrais de nos latrines.

De mer tout engrais sablonneux
Vaut mieux qu'engrais de mer vaseux.

On divise terre trop forte
Par le sable qu'on y transporte.

Préférez engrais animaux
A tous les engrais végétaux.

Demeurez-vous , bon fermier , sur la côte ?
Profitez-en ; quand la mer n'est pas haute,
Sur vos terres faites porter goëmon ,
Coquillages , algue, herbes et sablon.

Si , dans tes champs , tu trouves de la marne ,
A l'exploiter il faut que tu t'acharnes ,

Sur ton terrain tu la transporteras,
Et, tous les ans, riche en blé tu seras.

Tôt après un premier marnage,
Un second causerait dommage.

Tout marnage trop fort
A la terre fait tort.

Pour la plupart de nos terres
Faut amendements calcaires,
Tels que chaux, marne, plâtras,
Et de coquilles amas.

En bonne agriculture
L'on n'emploie que chaux pure.
On en fait des compots
Qu'on jette sur les clos.

Les cendres, surtout les charrées
Avec succès sont employées.
Dans tous les terrains argileux
Leur usage est avantageux.
Beaucoup de sel sur terre humide.
Il en faut moins sur terre aride.

Faire usage de bon noir animal
Pour nos terres est un point capital.
Maudit marchand, qui nous le falsifie,
Honni sois-tu pour ta friponnerie !

Plâtrer sa récolte en vert
Est le fait d'un homme expert.

De bonne chaux remplace bien la marne,
Elle détruit le chardon, dit acarne.

Il est beaucoup d'autres engrais
Qui demanderaient trop d'apprêts.

CHAPITRE VII.

Labour.

A tout cheval un bon palefrenier :
A toute ferme il faut un bon fermier.

Soyez plus fort que votre métairie,
Ou, tristement vous passerez la vie.

Ne passe pas un seul jour
Sans t'occuper du labour :
Et que tout le long de l'année
Ta ferme occupe ta pensée.

Veux-tu bien desservir tes champs?
Dresse tes chemins tous les ans.
Deux bons chevaux, au lieu de quatre,
Traîneront ton char sans s'abattre.

L'emploi des nouveaux instruments
Économise bien du temps.

Dans toute grande métairie
Où l'on cherche à gagner sa vie,
Savez-vous ce qu'il faut? des bras,
Force bras et toujours des bras.

Besogne mal faite
Coûte toujours trop :
La besogne bien faite
Ne se fait au galop.

Pour échapper à la misère,
Fais tes adieux à la jachère.

Cultivez peu, cultivez bien,
Chez vous il ne manquera rien.

Des bons laboureurs sois l'émule,
De leur céder fais-toi scrupule.

Chaque jour visite ton champ,
Le dommage y sera moins grand.

Fermier qui n'est pas dans l'aisance
Ne saurait faire aucune avance :
Partant, tout pauvre laboureur
Sera mauvais cultivateur.

Par des pratiques infaillibles,
Avec le moins de frais possibles,
Beaucoup récolter en tout temps,
D'un fermier prouve les talents.

Terres mal travaillées
Sont terres mal payées.

Nouveau venu dans un canton,
En fermier prudent suis l'usage,
Mais, si ton jugement est bon,
Renonce à ce qui n'est pas sage.

Qu'en ton courtil bien défoncé
Tout légume soit cultivé.

Mettez chaque chose à sa place,
Que du labour les instruments
Soient, chaque jour, suivant leur classe,
Suspendus dans vos bâtiments.
Oh, le benet qui, par la pluie,
Tourne sa terre et la manie !

Par des bosquets ou des arbres en rangs,
Des vents du Nord garantissez vos champs.

Fermiers qui ne sont pas stupides
Font saigner les terrains humides.

Plus net est un terrain,
Plus on loge de grain.

Bon précepte d'agriculture :
Tout un champ en même culture.

Champ grandement fumé
Veut le blé clair semé.

Épaisse semence, au contraire,
Si mal fumée est votre terre.

Enfouir blé-noir pour engrais
Chez nous ne se verra jamais.

Dans tout pays la culture diffère :
Cultivez donc comme le veut la terre.

Partout où se trouve du fond,
Que votre labour soit profond.

Plus votre fonds de terre est riche,
Plus il faut d'engrais être chiche.

Les labours donnés les premiers
Sont plus profonds que les derniers.

Suivant des terrains la nature,
Vous donnez plus ou moins d'entrure.

Les bons défrichements
Sont toujours excellents.

Chez nous de l'écobuage
Ancien et bon est l'usage.

A mon avis, le bon assolement
Est bien celui qui rend le plus d'argent.

Tout doucement supprimez vos jachères,
Ou l'on vendra vos meubles aux enchères.
Veux-tu faire profit certain?
Gaîment défonce ton terrain.
Apprends que terre défoncée
Pour dix ans d'herbes est nettoyée.

A la suite d'un bon défoncement,
On récolte bon froment sur froment.

A la bêche, terre lassée
Doit toujours être défoncée.

Sur terrain défoncé
Fumier en quantité.

Labour profond, engrais, semence nette,
Pour récolter c'est la bonne recette.

Nulle part de bon labour
Sans une bonne charrue.
Pour qui n'a pas la berlue
C'est aussi clair que le jour.

Labour léger en terre humide
Ou bien vous la rendrez aride.

Tout labour à la bêche fait
Sera toujours labour parfait.

Sur les labours point de règles certaines;
Il faut du sol bien connaître les veines.

Pour les grains, comme pour les plants,
Que tous vos labours soient récents,

Pour tous les blés, mets-toi dans la mémoire
Qu'il faut toujours labour préparatoire,
    Jamais n'ensemence dans ton terrain
    Que ce qui peut donner profit certain.

        La récolte dite améliorante
        Doit remplacer la récolte épuisante.

        Les laboureurs de bon sens,
        Pour bien faire leurs affaires,
        Devront semer dans leurs champs
        Récoltes intercalaires.

        Tu passeras pour un oison
        Si tu ne fais tout en saison.

        Se munir de bonne semence
        Est chose de grande importance.
        D'un champ laissez mûrir le blé,
        Par vos gens avec soin sarclé.

Pour chauler le blé de semence,
De chaux il faudrait abondance.

Semez en temps bien opportun,
Ou vous n'aurez profit aucun.

    Un bon semeur est oiseau rare
    Que n'encage point un avare.

Dans clos qu'on vient d'ensemencer
Personne plus ne doit passer.

    Les feuilles de chênes tombées,
    Que vos terres soient emblavées.

    Jamais tout ne manque à la fois:
    De divers grains fais donc le choix

Le jour que ta terre est fumée,
Qu'elle soit vîte ensemencée.

  Sol sujet au déchaussement
  Veut le grain mis profondément.

Veux-tu suivre une bonne idée?
Sème ton grain à la volée;
Laisse-moi là tous les plantoirs,
Fais-en de même des semoirs.

  A quoi bon toutes ces orées
  Qui ne sont point ensemencées?
  Tout votre clos est imposé:
  Labourez donc jusqu'au fossé.

  Dans nos terres le rattelage
  Vaut cent fois mieux que le hersage.

  Jamais de semer du méteil
  Je ne donnerai le conseil.

Plus votre graine sera grosse,
Plus profonde sera la fosse.

  Ne sème jamais par le vent,
  Si ce n'est pois, orge ou froment.

Qu'ils aient souffert par la gelée,
Ou que soit la terre épuisée,
En mars on fume par-dessus
Tous les blés qui sont mal venus.

  A tous grains, avec avantage,
  Au printemps l'on donne un binage.

  Au mois de juin sarcler son blé
  Est bien le fait d'un insensé.

Force fumier dans forte terre
Pour froment roux est nécessaire.

Rappelle-toi que bon froment
Mieux que tout autre grain se vend.

Sans cesse retourne ta terre,
Qui bien agit toujours prospère.

Terre au printemps à mettre en grain
Se prépare de longue main.

Pour avoir récolte meilleure,
Sème ton seigle de bonne heure.

Terre où le froment ne vient pas,
De seigle donne de bons tas.

Graine enfouie à plus de cinq, six pouces,
Ne fait guère que de chétives pousses.

Si l'on doit ensemencer tard,
Il faut de blé plus grande part.

A la Saint-George,
Sème ton orge;
A la Saint-Marc,
Il est trop tard.

L'orge bonne pour la distillerie
Sert à beaucoup d'usages dans la vie.

De l'avoine on fait peu de cas,
La raison, je ne la vois pas:
En terre nette et bien fumée
Elle vaut du blé la journée.

De ton avoine fais deux parts,
Dont pour les chevaux les deux quarts.
L'avoine aime la terre fraîche
Et réussit bien sur un frèche.

Toute avoine, crainte du vent,
Se coupe prématurément.

Au blé noir faut terre ameublie
Par de la charrée enrichie.

Du cinq au quinze juin,
Pour peu que tu sois fin,
Si tu veux qu'il prospère,
Mets ton blé-noir en terre.

Où ne viennent les blés d'été
Le blé-noir vient en quantité.

Le sarrasin, pour nourriture,
Aux Bretons plaît outre mesure.

Des autres grains je voudrais bien parler;
Personne ici ne veut les cultiver.

Terre profondément bêchée,
Chanvre plus haut d'une coudée.

Pour ta maison cultive chanvre et lin
Pour te donner gros linge et linge fin.

Pour bien cultiver les racines,
Quinze pouces de profondeur,
Fumier de bêtes chevalines
Te paieront bien de ton labeur.

Pour les navets terre légère
A terre lourde se préfère.

Récolte en grand de haricots
Ne se tente que par des sots.
Sème force pommes de terre,
Dût un sot t'en faire la guerre.

Elles rendront ton bétail gras
Et fourniront à tes repas :
C'est le pain de la providence
Pour ceux qui sont dans l'indigence.

En grand culture de Colza
En peu de temps t'enrichira.
Sa graine pour huile vendue
Te sera rente dévolue.

Semez des pois, ils sont d'un bon rapport :
Ils viennent bien dans les Côtes-du-Nord.

On met en terres défoncées
Toutes les plantes répiquées.

Tels sont les rutabagas,
Les disettes et les colzas.

Est-il parmi vous un seul homme
Qui n'aime le jus de la pomme?
Non. Eh bien, armez dans vos champs
De vos pommiers les jeunes plants.

CHAPITRE VIII.

Récolte.

A quoi sert de bien cultiver,
Si l'on ne sait bien récolter?

Lorsque la récolte est versée,
Par beau temps qu'elle soit coupée.

Assure-toi, tous les matins,
S'il est temps de couper tes grains.

Sitôt que la moisson approche,
En ton chemin point d'anicroche.

Il importe que ton grain soit sauvé
Et l'entretien de tes gens assuré.

Un trop long javelage
N'est ni prudent ni sage.

Que les froments rouillés
Soient les derniers coupés.

Blé vert coupé doit sur la terre
Rester huit jours pour se refaire.

Blé pris dans sa maturité
De suite peut être engrangé.

Blé coupé tard facilement s'égraine ;
De le couper à temps prends donc la peine.

Blés pour semence réservés
Sont toujours les derniers coupés.

Faucher son blé, chose ailleurs convenable,
Chez nous serait un acte tres blâmable

Après la récolte du blé
Faucille se met dans le glé.

Récolte engrangée,
Récolte assurée.

Avez-vous peur du mauvais temps?
Engerbez le blé dans vos champs.

Perdre un instant dans la journée,

Quand on fait rentrer la moisson,
Peut vous faire jeûner l'année,
Petits et grands dans la maison.

Que, pour le temps de batterie,
Ta maison de tout soit munie.

Quand, pour battre, il fait du soleil,
Je ne sais point d'aide pareil.

Prévoyant fermier, d'ordinaire,
Tous les quatre ans refait son aire.

Après soleil couché,
Bien fou qui bat son blé.

Des grains, à part la balayure,
A part le blé de la râblure.
Au marché ce dernier se vend
Et plus cher et plus aisément.

Ailleurs on bat les blés en grange,
Chez nous autrement on s'arrange.
Jamais d'eau fraîche à tes batteurs :
Tu ferais rentrer les sueurs.
Fais-leur boire cidre, eau vinée,
Eau par vinaigre acidulée.

Au batteur le tour du fléau,
Ou du voisin gare la peau.

Chaque soir entasse ta paille.
Ou tu ne feras rien qui vaille.

Mets à couvert le blé battu,
Ou tu n'es qu'un hurlu-berlu.

Avant d'aller à ta couchette,
Veille que ton aire soit nette.

Tout le blé qu'on porte au moulin
Doit tomber sec sur le balin.
Ce serait donc grande folie
De battre si l'on craint la pluie.

Batteurs trop nombreux
Se nuiront entr'eux.
Qu'à cent pieds   au moins des murailles,
Soient placés tes monceaux de pailles
Sur l'aire jamais de fumeurs,
Défendez la pipe aux batteurs.

Jusqu'en décembre, sois fidèle
Dans tes grains à passer la pelle,
Ou de tes blés le charançon
Ne te laissera que le son.

CHAPITRE IX.

Bestiaux.

Blé suffisant pour se nourrir,
Nombreux bétail pour s'enrichir.

Augmentez dans vos métairies
Le nombre de vos écuries
Dans toute étable où pendent paille et foin,
Du feu sachez vous garder avec soin.

Un fermier soigneux et capable
Introduit l'air dans son étable.
Il sait que tous les animaux
Se trouvent mal dans des fours chauds.

Qui plafonne son écurie,
Fait preuve de grande industrie.

Jamais le soir, sans un fallot,
N'entre dans aucune écurie :
Souvent l'imprudence d'un sot
Est la cause d'un incendie.

Palefrenier qui soigne dix chevaux,
Doit renoncer à tous autres travaux,

Il conviendrait qu'un chef de métairie
Entendit bien la maréchalerie.

Par un sot conducteur
Voiture abandonnée,
A quelque grand malheur
Toujours est exposée.

Mieux voir charretier au gibet
Que charretier au cabaret.

Pour éviter du coûtage,
Soigne bien ton attelage.

A l'écurie, attachez vos chevaux :
Qu'ils soient libres seulement aux champeaux,

Elève, crois-moi, dans ta ferme
Plusieurs espèces d'animaux :
Tu vendras, pour payer ton terme,
Vaches, moutons, porcs ou chevaux.

Pour vos chevaux un bon vétérinaire,
Pour les traiter vous serait nécessaire ;
Car vous savez, maîtres et laboureurs,
Que dans cet art vous n'êtes pas docteurs.

Soins de la main et bonne nourriture
De ton cheval feront belle monture.

En amis traitez vos chevaux,
Compagnons de tous vos travaux.

A l'abreuvoir mène bridée
Jument que tu sais fécondée.

Séparez, crainte d'accidents,
Les chevaux entiers des juments.

A tes chevaux tous les jours baille
Petit-à-petit foin et paille.

Bête maigre donne mauvais fumier:
Bête grasse fiente au gré du fermier.

Donne aux poulains avoine concassée ;
Dans les haras c'est coutume usitée.

L'on verra bientôt sur les dents
Poulain qui tire avant deux ans.

Herbe couverte de rosée
Donne aux poulains la diarrhée,

En automne, tous poulains achetés
Devraient avoir au moins six mois compt
On ne saurait, s'ils ont atteint cet âge,
Avec succès opérer le sevrage.

A vos juments beaux étalons,
Par les connaisseurs jugés bons.

Elevez dans vos écuries
Espèces de bêtes choisies.
Vos élèves très-recherchés
Vous seront partout bien payés.

Chez un fermier plein d'avarice,
Sur le bétail nul bénéfice :

Vous en savez bien la raison ;
Il ne donne ni foin ni son.
A propos qui fait une avance ,
En a bientôt la récompense.

Les bestiaux des pays étrangers
Dépérissent dans nos champs , nos vergers ,
L'herbe pour eux est si peu succulente,
Que leur croissance est, on ne peut plus lente.
Mais du pays les propres animaux ,
S'ils sont soignés , en peu de temps sont beaux.

Que toute paille rouillée
Au bétail soit refusée.

Jeune bétail mal nourri
Reste toujours rabougri.

Otez souvent, crainte des maladies ,
Tous les fumiers faits dans vos écuries.

Qui soigne son bétail
Acquitte bien son bail.

Toutes racines pivotantes
Pour le bétail sont nourrissantes.

Les racines qu'on donne aux bestiaux
Doivent toujours se couper par morceaux.

Jusqu'en avril, sachez dans vos cassines
Pour le bétail conserver des racines.

Engraisse tous les bestiaux
Que dans les marchés tu veux vendre.
La graisse couvre les défauts,
Si tu ne le sais, vas l'apprendre.

Donnez du sel aux animaux,
Vous préviendrez beaucoup de maux.

Qui ne sait que, sans bétail, sans prairie,
Vouloir mener une ferme est folie ?

    Dans l'âge de cinq à neuf ans,
    Toute vache est dans son bon temps.

    Ne prenez point bête bovine
    Seulement pour sa bonne mine.

Vache en état, quand elle fait son veau,
De lait, par jour, donne au moins un bon seau,
    En pareil cas, vache à moitié nourrie
    Ne donne rien, tant elle est appauvrie.

    Au mâle il te faut présenter
    Vache que tu veux engraisser.

    Pour faire de grands bénéfices
    Ne vends que de belles génisses.

    De racines plus que de foin
    Les vaches pleines ont besoin.

    Quand la vache est délivrée
    Que seule elle soit laissée :
    Mère et petit sont frileux,
    Du froid gardez-les tous les deux.

    Avec la mère, au paturage
    Conduire son veau n'est pas sage.

De racines, deux mois avant le part,
A tes vaches, par jour, donne un mi-quart.

Veaux élevés aux œufs et aux boulettes
Augmenteront du fermier les recettes.

    Aliments cuits et servis chauds
    Engraissent bien tous animaux.

S'il vous tombe vache en partage,
A la corne se connaît l'âge.

Aux bêtes qu'on met à l'engrais
Donnez patates et panais.
Du grain seul pour leur nourriture
Vous mettrait en déconfiture.

Pour tes vaches tu sémeras,
Afin d'avoir des caille-bottes,
Disettes et rutabagas,
Navets, choux, panais et carottes.

Vache qui vêle avant trois ans,
Ne donne produits ni beaux ni grands.

A l'air, dans la bergerie
Donnez entrée et sortie.

Très-mal gardés sont les moutons,
Conduits par de petits garçons.
Quel ouvrage peuvent-ils faire?
Manger, boire, jouer et braire.

Les moutons et les brebis
Donnent laine de tout prix.

Pour les moutons tondeur habile,
Car les bien tondre est difficile.

Quinze jours avant la Saint-Jean,
Mouton perd son habillement.

Pour toute jeune tréfllière
Moutons ont la dent meurtrière.
Ils écorchent aussi les plants
Qu'on place jeunes dans les champs.

Avec du foin et des racines,
Sans nul mélange de farines,
L'hiver, en deux mois, les moutons
A livrer au boucher sont bons.

Dans pays à grande culture
Pour les moutons point de pâture.

L'hiver, nos terrains trop mouillés
Nuiraient aux moutons cher payés.

Bonne n'est pas la bête ovine
Si la laine n'en est pas fine.

Point sans bergers de troupeaux productifs ;
Encor faut-il qu'ils soient forts et actifs.

Dans tout terrain humide.
Moutons pour le boucher ;
Mais dans terrain aride
Moutons pour le drapier.

Du pauvre la chèvre est la vache ;
Qu'à la bien nourrir il s'attache.

A nos hauts Bretons
Les peaux de leurs biques,
Dans certains cantons
Servent de tuniques.

Quand malades sont les chevreaux,
Traitez-les comme les agneaux.

Dans les champs et dans les bocages
Les chèvres font de grands ravages.

Un bon chien des gens du logis
Sait distinguer les ennemis.

Personne n'appréhende
Chiens en loge normande.

Bon chien de garde en ta cour
Te défendra nuit et jour.

Le porc, cet animal utile,
A nourrir n'est pas difficile.
Pour le substanter tout est bon :
Herbes, racines, choux et son.

A ce commerce il faut que l'on s'adonne,
Partout la vente en est certaine et bonne.

Pour les cochons la propreté
Est de toute nécessité.

Vous n'ignorez pas les dommages
Qu'aux champs font ces bêtes sauvages,
Dans un parc tenez-les enclos,
Ou retournés seront vos clos.

Dans cette race immonde
La femelle est féconde.

Pour rendre grenu le froment
Fumier de porc est excellent.

L'âne est une bonne monture :
Il traine de plus la voiture,
Mais au bât principalement
Il sert dans le département.

Lait d'ânesse pour la poitrine
Est, dit-on, bonne médecine.

A l'âne, aux chevaux mal portants
Donnez mêmes médicaments.

Qui d'entre vous ne sait que l'âne
Vit de chardon et de bardane ?

Deux forts ânes, à l'ouvrage dressés,
Plus qu'un cheval feraient labours soignés :
Il leur faut peu de nourriture ;
A la rigueur, point de ferrure.

De l'âne le fumier est chaud :
Pour la terre froide il prévaut.

Sachez qu'à toute bête enflée
L'on fait avaler eau salée :
Pour mieux détourner le péril
Donnez alcali-volatil.

CHAPITRE X,

Prairies.

Mauvaises sont les métairies
Qui manquent de bonnes prairies.

Comme agriculteurs excellents,
L'on citera dans tous les temps
Fermiers qui, dans leurs métairies,
Ont moitié des champs en prairies.
Au tiers ceux qui se borneront,
Au nombre des bons compteront.
Des autres laboureurs le reste,
Selon moi, ne vaut pas un zeste.

Du terrain la qualité
Plus ou moins bon rend un pré.

De toute terre
Pré se peut faire.
Mais en tout cas ,
Mieux vaut pré bas.

La prairie artificielle
Vaut autant que la naturelle.
On la remplace tous les ans ,
En ensemençant d'autres champs.
Par ce moyen plus de jachère ,
Par conséquent plus de misère.

Voulez-vous avoir de bons prés ?
Qu'à propos ils soient arrosés.

Portez sur vos prairies
Le jus des écuries.

Tout fumier consommé
Ravive bien un pré.

Terres des champs, sur les prés épandue ,
Rendront l'herbe d'une belle venue.

On retourne pendant deux ans
Terreau qu'on tire des étangs.
On l'épandra sur la prairie ,
Quand on comptera sur la pluie.

Tous les ans , portez sur vos prés
Les vidanges de vos fossés.

D'un pré , quand l'herbe est poussée ,
Elle peut être plâtrée.

Vaut mieux vendre son trop de foin
Que son bétail dans le besoin.

Fermes qui manquent de prairie
Des fermiers prouvent l'ânerie.

Divisez en petits enclos
Prés destinés aux animaux.
L'herbe ainsi partout ménagée
Par leurs pieds n'est jamais foulée.

Honneur à vous qui cultivez en grand
La betterave au produit abondant.
Tout laboureur qui suivra ma doctrine
Cultivera cette utile racine.
Par les bettes, à l'étable engraissés,
Les bestiaux seront très-recherchés.

Inscrivez ceci dans vos notes.
Panais, navets, choux et carottes,
Betterave, rutabaga,
Pommes de terre, et cœtera,
Sont les racines indiquées
Pour mettre en terres amendées.

En été, par bonne raison.
Plante, près de sa floraison,
Plutôt que plante encore verte,
Au bétail est toujours offerte.

Veux-tu fourrages pour tout l'an?
En saison, sème trèfle et jàn.

Lever un riche pâturage
Cause souvent un grand dommage.

Quand vient la saison des frimas
De fourrages il faut amas.

Par l'emploi de la suie,

Jonc part de la prairie.
Dans un pré défoncé
Jonc est aussi chassé.

Des prés en ratissant la mousse,
Jamais plus elle ne repousse.

Veux-tu former un nouveau pré,
Et récolter foin à ton gré?
Ensemence-le, deux années
Au plus, en récoltes sarclées.
A la fin mets trèfle dedans,
Tu faucheras foins abondants.

Pour un pré bas, suivez le bon usage
De ne fumer qu'après un bon fauchage.
Pour un pré haut, on agit autrement :
En automne, l'on fume abondamment.

Si tu veux bonne prairie,
Sème ray-gras d'Italie.
D'Angleterre le ray-gras
En feuilles n'abonde pas.
En mai, voilà son éloge
Le foin de ray-gras se loge.

Hache, pour ton poulain
De tout ray-gras le foin.

Quinze jours après le fauchage,
Ray-gras est bon pâturage.

Au printemps, dans orge semé
Jamais le trèfle n'a manqué.
Semé dans le froment d'automne,
La récolte en est aussi bonne.

On le sème encor dans le lin,
Dans l'avoine et le sarrasin.
En garder pour vendre la graine,
En vaut, ma foi, bien la peine.

Le trêfle est-il en fleurs?
Commande des faucheurs.

Pour le farouch la terre humide
Ne valut jamais terre aride.
De la terre à peine levé,
Par les loches il est mangé.

Le sainfoin est un bon fourrage.
Chez nous il ne vient. Quel dommage!

La luzerne veut terrain sablonneux :
Point ne dure dans terrain argileux.

La vesce est nourrissante,
Gesce est moins échauffante.
Féverolles pour nos chevaux
Les soutiennent dans leurs travaux.

Du genêt le plus grand usage
Est de nous servir au chauffage.
On en couvre les bâtiments,
Les étables et les auvents.

Acclimatez chez vous, en homme habile
Toute plante qui vous parait utile.

Pour t'avoir donné de l'ajonc,
Soir et matin, dans ta maison,
Bénis Dieu : car c'est le fourrage
Dont tu fais le plus grand usage.
Il nourrit bien tous animaux,

Sans rendre poussifs les chevaux.

Le chou-navet a son mérite ;
A moi, ma plante favorite
Est le bon chou-rutabaga,
Je ne connais rien au-delà,
Pour les bêtes, pour le ménage
On en fait le plus grand usage.
De la glace il n'a point de peur,
De l'hiver craint peu la rigueur.

A mon avis, la chicorée
A beaucoup été trop vantée.

Fermiers, autour de vos maisons,
Plantez choux en toutes saisons.
Pour vos vaches c'est de ressource ;
Peu s'en sentira votre bourse.

Quand un pré ne rapporte plus,
Tournez-le sens dessous-dessus.

Quand la fleur est passée,
Trop tard l'herbe est coupée.

Au temps de la fenaison,
Dehors toute la maison.

Qui fauche et fane par la pluie
Gagne son brevet de folie.

Qu'on aille faner près ou loin,
Sur la fourche se fait le foin.

C'est, couverte de rosée,
Qu'herbe doit être coupée.

L'époque de la fauchaison

Se règle d'après la saison.

Au plus vîte dans votre fanerie
Faites rentrer le foin de la prairie.

Tout fermier d'ordre, avec soin,
Fait botteler paille et foin.

Dehors foin ou paille entassée,
Vaut bien foin ou paille engrangée.

Conservez les regains
Pour vos petits poulains.

Pour me bien rendre intelligible,
Laboureurs ! j'ai fait mon possible.
Si cet ouvrage vous a plu ,
Mon temps n'a pas été perdu.
Désirez-vous plus de lumières ?
Adressez-vous de bonne foi
A des gens qui , sur ces matières,
Sont beaucoup plus savants que moi.

Imprimerie de Le Maout, à Saint-Brieuc.

OPINION du *Publicateur des Côtes-du-Nord* sur la première édition de ce petit travail :

« M. Gabriel Couffon de Kerdellec, ancien maire de la commune de Maroué, demeurant au Bosquilly, est connu depuis long-temps par la bonne entente de ses travaux agricoles. Mais, en homme habile, il joint le précepte à l'exemple, et a composé en vers, sous forme d'*adages*, un petit ouvrage très-remarquable par la justesse des pensées. C'est un code complet d'économie domestique et d'agriculture, où se trouve exposé, sous une forme simple et à la portée des cultivateurs, le fruit d'une expérience sage et éclairée. Comme il s'adresse à des gens peu lettrés, M. de Kerdellec néglige un peu la forme pour mieux s'occuper du fond. La pensée est tout pour lui ; et, pourvu qu'il la rende sensible et palpable à tous, son but est atteint. Ce qu'offre de singulier ce petit travail, contenant cependant 500 adages ou maximes, exprimés en 1800 vers, c'est qu'il ne s'en trouve pas deux qui soient jetés dans le même moule. (*Publicateur* du 1er juin 1839.)

www.ingramcontent.com/pod-product-compliance
Lightning Source LLC
Chambersburg PA
CBHW071347200326
41520CB00013B/3136